www.ingramcontent.com/pod-product-compliance
Lightning Source LLC
Chambersburg PA
CBHW080618190526
45169CB00009B/3233
9781537638300

3.14159265358979323846264338327950288419716939937510582097494459230781640628620899

9862803482
5342117067
9821480865
1328230664
7093844609
5505822317
2535940812
848111 7450

2841027019
3852110555
9644622948
9549303819
6442881097
5665933446
1284756482
3378678316

5271201909
1456485669
2346034861
0454326648
2133936072
6024914127
3724587006
6063155881

7488152092
0962829254
0917153643
6789259036
0011330530
5488204665
2138414695
1941511609

4330572703
6575959195
3092186117
3819326117
9310511854
8074462379
9627495673
5188575272

4891227938
1830119491
2983367336
2440656643
0860213949
4639522473
7190702179
8609437027

7053921717
6293176752
3846748184
6766940513
2000568127
1452635608
2778577134
2757789609

1736371787
2146844090
1224953430
1465495853
7105079227
9689258923
5420199561
1212902196

0864034418
1598136297
7477130996
0518707211
3499999983
7297804995
1059731732
8160963185

9502445945
5346908302
6425223082
5334468503
52619311881
7101000313
7838752886
5875332083

8142061717
7669147303
5982534904
2875546873
1159562863
8823537875
9375195778
1857780532

1712268066
1300192787
6611195909
2164201989
3809525720
1065485863
2788659361
5338182796

8230301952
0353018529
6899577362
2599413891
2497217752
8347913151
5574857242
4541506959

5082953311
6861727855
8890750983
8175463746
4939319255
0604009277
0167113900
9848824012

6208046684
2590694912
9331367702
8989152104
7521620569
6602405803
8150193 5112
5338243003

5587640247
4964732639
1419927260
4269922796
7823547816
3600934172
1641219924
5863150302

8618297455
5706749838
5054945885
8692699569
0927210797
5093029553
2116534498
7202755960

2364806654
9911988183
4797753566
3698074265
4252786255
1818417574
6728909777
7279380008

1647060016
1452491921
7321721477
2350141441
9735685481
6136115735
2552133475
7418494684

3852332390
7394143334
5477624168
6251898356
9485562099
2192221842
7255025425
6887671790

4946016534
6680498862
7232791786
0857843838
2796797668
1454100953
8837863609
5068006422

5125205117
3929848960
8412848862
6945604241
9652850222
1066118630
6744278622
0391949450

4712371378
6960956364
3719172874
6776465757
3962413890
8658326459
9581339047
8027590099

4657640789
5126946839
8352595709
8258226205
2248940772
6719478268
4826014769
9090264013

6394437455
3050682034
9625245174
9399651431
4298091906
5925093722
1696461515
7098583874

1059788595
9772975498
9301617539
2846813826
8683868942
7741559918
5592524595
3959431049

9725246808
4598727364
4695848653
8367362226
2609912460
8051243884
3904512441
3654976278

0797715691
4359977001
2961608944
1694868555
8484063534
2207222582
8488648158
4560285060

1684273945
2267467678
8952521385
2254995466
6727823986
4565961163
5488623057
7456498035

5936345681
7432411251
5076069479
4510965960
9402522887
9710893145
6691368672
2874894056

0101503308
6179286809
2087476091
7824938589
0097149096
7598526136
5549781893
1297848216

8299894872

2658804857

5640142704

7755513237

9641451523

7462343645

4285844479

5265867821

0511413547
3573952311
3427166102
1359695362
3144295248
4937187110
1457654035
9027993440

3742007310
5785390621
9838744780
8478489683
3214457138
6875194350
6430218453
1910484810

0537061468
0674919278
1911979399
5206141966
3428754440
6437451237
1819217999
8391015919

5618146751
4269123974
8940907186
4942319615
6794520809
5146550225
2316038819
3014209376

2137855956
6389377870
8303906979
2077346722
1825625996
6150142150
3068038447
7345492026

0541466592
5201497442
8507325186
6600213243
4088190710
4863317346
4965145390
5796268561

0055081066
5879699816
3574736384
0525714591
0289706414
0110971206
2804390397
5951567715

7700420337
8699360072
3055876317
6359421873
1251471205
3292819182
6186125867
3215791984

1484882916
4470609575
2706957220
9175671167
2291098169
0915280173
5067127485
8322287183

5209353965
7251210835
7915136988
2091444210
0675103346
7110314126
7111369908
6585163983

15019701651

5116851714

3765761835

1556508849

0998985998

2387345528

3316355076

4791853589

3226185489
6321329330
8985706420
4675259070
9154814165
4985946163
7180270981
9943099244

8895757128
2890592323
3260972997
1208443357
3265489382
3911932597
4636673058
3604142813

8830320382
4903758985
2437441702
9132765618
0937734440
3070746921
1201913020
3303801976

2110110044
9293215160
8424448596
3766983895
2286847831
2355265821
3144957685
7262433441

8930396864
2624341077
3226978028
0731891544
1101044682
3252716201
0526522721
1166039666

5573092547
1105578537
6346682065
3109896526
9186205647
6931257058
6356620185
5810072936

0659876486
1179104533
4885034611
3657686753
2494416680
3962657978
7718556084
5529654126

6540853061
4344431858
6769751456
6140680070
0237877659
1344017127
4947042056
2230538994

5613140711
2700040785
4733269939
0814546646
4588079727
0826683063
4328587856
9830523580

8933065757
4067954571
6377525420
2114955761
5814002501
2622859413
0216471550
9792592309

9079654737
6125517656
7513575178
2966645477
9174501129
9614890304
6399471329
6210734043

7518957359

6145890193

89713111790

4297828564

7503203198

6915140287

0808599048

0109412147

2213179476
4777262241
4254854540
3321571853
0614228813
7585043063
3217518297
9866223717

21591607716692547487389866549494501146540628433663937900397692656721463853067360

9657120918
0763832716
6416274888
8007869256
0290228472
1040317211
8608204190
0042296617

1196377921
3375751149
5950156604
9631862947
2654736425
2308177036
7515906735
0235072835

4056704038
6743513622
2247715891
5049530984
4489333096
3408780769
3259939780
5419341447

3774418426
3129860809
9888687413
2604721569
5162396586
4573021631
5981931951
6735381297

4167729478
6724229246
5436680098
0676928238
2806899640
0482435403
7014163149
6589794092

4323789690
7069779422
3625082216
8895738379
8623001593
7764716512
2893578601
5881617557

8297352334
4604281512
6272037343
1465319777
7416031990
6655418763
9792933441
9521541341

8994854447

3456738316

2499341913

1814809277

7710386387

7343177207

5456545322

0777092120

1905166096
2804909263
6019759882
8161332316
6636528619
3266863360
6273567630
3544776280

3504507772
3554710585
9548702790
8143562401
4517180624
6436267945
6127531813
4078330336

254232783944975382437205835114771199260638133467768796959703098339130771098 7040

8591337464
1442822772
6346594704
7458784778
7201927715
2807317679
0770715721
3444730605

7007334924
3693113835
0493163128
4042512192
5651798069
4113528013
1470130478
1643788518

5290928545
2011658393
4196562134
9143415956
2586586557
0552690496
5209858033
8507224264

8293972858

4783163057

7775606888

7644624824

6857926039

5352773480

3048029005

8760758251

0474709164
3961362676
0449256274
2042083208
5661190625
4543372131
5359584506
8772460290

1618766795
2406163425
2257719542
9162991930
6455377991
4037340432
8752628889
6399587947

5729174642
6357455254
0790914513
5711136941
0911939325
1910760208
2520261879
8531887705

8429725916
7781314969
9009019211
6971737278
4768472686
0849003377
0242429165
1300500516

8323364350

3895170298

9392233451

7220138128

0696501178

4408745196

0121228599

3716231301

7114448464
0903890644
9544400619
8690754851
6026327505
2983491874
0786680881
8338510228

3345085048
6082503930
2133219715
5184306354
5500766828
2949304137
7655279397
5175461395

3984683393
6383047461
1996653858
1538420568
5338621867
2523340283
0871123282
7892125077

1262946322

9563989898

9358211674

5627010218

3564622013

4967151881

9097303811

9800497340

7239610368
5406643193
9509790190
6996395524
5300545058
0685501956
7302292191
3933918568

0344903982
0595510022
6353536192
0419947455
3859381023
4395544959
7783779023
7421617271

1172364343
5439478221
8185286240
8514006660
4433258885
6986705431
5470696574
7458550332

3233421073

0154594051

6553790686

6273337995

8511562578

4322988273

7231989875

7141595781

1196358330
0594087306
8121602876
4962867446
0477464915
9950549737
4256269010
4903778198

6835938146
5741268049
2564879855
6145372347
8673303904
6883834363
4655379498
6419270563

8729317487

2332083760

11230299113

6793862708

9438799362

0162951541

3371424892

8307220126

9014754668
4765357616
4773794675
2004907571
5552781965
3621323926
4061601363
5815590742

2020203187
2776052772
1900556148
4255518792
5303435139
8442532234
1576233610
6425063904

9750086562
7109535919
4658975141
3103482276
9306247435
3632569160
7815478181
1528436679

5706110861
5331504452
1274739245
4494542368
2886061340
8414863776
7009612071
5124914043

0272538607
6482363414
3346235189
7576645216
4137679690
3149501910
8575984423
9198629164

2193994907
2362346468
4411739403
2659184044
3780513338
9452574239
9508296591
2285085558

2157250310
7125701266
8302402929
5252201187
2676756220
4154205161
8416348475
6516999811

6141010029
9607838690
9291603028
8400269104
1407928862
1507842451
6709087000
6992821206

6041837180
6535567252
5325675328
6129104248
7761825829
7651579598
4703562226
2934860034

1587229805

3498965022

6291748788

2027342092

2224533985

6264766914

9055628425

0391275771

0284027998
0663658254
8892648802
5456610172
9670266407
6559042909
9456815065
2653053718

2941270336
9313785178
6090407086
6711496558
3434347693
3857817113
8645587367
8123014587

6871266034

8913909562

0099393610

31029161615

2881384379

0990423174

7336394804

5759314931

4052976347
5748119356
7091101377
5172100803
1559024853
0906692037
6719220332
2909433467

6851422144

7737939375

1703443661

9910403375

11173547191

8550464490

2636551281

6228824462

5759163330

3910722538

3742182140

8835086573

9177150968

2887478265

6995995744

9066175834

4137522397

0968340800

5355984917

5417381883

9994469748

6762655165

8276584835

8845314277

5687900290
9517028352
9716344562
1296404352
3117600665
1012412006
5975585127
6178583829

2041974844
2360800719
3045761893
2349229279
6501987518
7212726750
7981255470
9589045563

5792122103
3346697499
2356302549
4780249011
4195212382
8153091140
7907386025
1522742995

8180724716
2591668545
1333123948
0494707911
9153267343
0282441860
4142636395
4800044800

2670496248
2017928964
7669758318
3271314251
7029692348
8962766844
0323260927
5249603579

9646925650
4936818360
9003238092
9345958897
0695365349
4060340216
6544375589
0045632882

2505452556
4056448246
5151875471
1962184439
6582533754
3885690941
1303150952
6179378002

9741207665
1479394259
0298969594
6995565761
2186561967
3378623625
6125216320
8628692221

0327488921
8654364802
2967807057
6561514463
2046927906
8212073883
7781423356
2823608963

2080682224
6801224826
1177185896
3814091839
0367367222
0888321513
7556003727
9839400415

2970028783
0766709444
7456013455
6417254370
9069793961
2257142989
4671543578
4687886144

4581231459

3571984922

5284716050

4922124247

0141214780

5734551050

0801908699

6033027634

7870810817
5450119307
1412233908
6639383395
2942578690
5076431006
3835198343
8934159613

1854347546
4955697810
3829309716
4651438407
0070736041
1237359984
3452251610
5070270562

3526601276
4848308407
6118301305
2793205427
4628654036
0367453286
5105706587
4882256981

5793678976
6974220575
0596834408
6973502014
1020672358
5020072452
2563265134
1055924019

0274216248
4391403599
8953539459
0944070469
1209140938
7001264560
0162374288
0210927645

7931065792
2955249887
2758461012
6483699989
2256959688
1592056001
0165525637
5678566722